EXAMEN

Du compte rendu par M. THOURET, sous le Titre de Correspondance de la Société Royale de Médecine, relativement au Magnétisme animal.

Par J. B. BONNEFOY, Membre du Collége Royal de Chirurgie de Lyon, Auteur de l'Analyse raisonnée des rapports des Commissaires.

1785.

(2)

I L est aussi possible, aussi commun, d'obferver mal que de mal raifonner. (*Thouret, recher-ches fur le Magnétifme animal.* pag. 221.)

EXAMEN

De la Correspondance de la Société Royale de Médecine , relativement au Magnétisme animal.

TRO I S Sociétés savantes ont jugé le Magnétisme animal ; tout le monde connaît leurs rapports : entrepris par ordre du Roi, faits par des personnes d'un mérite distingué , répandus dans toute l'Europe avec une étonnante profusion ; annoncés , analysés par les Journalistes avec une emphase , une partialité qui n'a point d'exemple , ils semblaient devoir entraîner après eux la proscription & la chûte de cette découverte ; le contraire est arrivé : la doctrine s'est propagée , les traitemens

A 2

fe font multipliés, des cures frappantes ont fait ouvrir les yeux, les gens fenfés ont voulu voir par eux-mêmes, & le public impartial a appellé du jugement précipité des Commiffaires.

Une pareille conduite a alarmé la Société Royale de Médecine : furprife que les rapports n'euffent pas produit l'éffet défiré, elle a voulu porter un nouveau coup au Magnétifme animal; en conféquence elle a invité les Médecins avec lefquels elle eft en relation à lui faire part de leurs obfervations à ce fujet, & c'eft le réfultat de cette correfpondance que cette compagnie publie aujourd'hui.

Je me difpenferais peut - être d'y répondre, fi c'était l'ouvrage d'un parti-culier ; le Public eft déjà las de ces difcuffions Polémiques : mais imprimée par ordre du Roi, au nom d'une Société favante, d'après les fentiments de plufieurs Médecins du Royaume, cette nouvelle production doit influer fur les efprits, même les plus impartiaux ; je prendrai donc la liberté de la foumettre à un examen rigoureux ; on ne doit être retenu par aucun motif lorfqu'on plaide la caufe de la vérité & de l'humanité.

(5)

Si l'on dépouille la correspondance de tous les acceſſoires inutiles dont on l'a ſurchargée pour la rendre plus impoſante, on verra qu'elle ſe réduit à ces deux points : 1°. Le Magnétiſme a fait beaucoup de mal. 2°. Les cures attribuées au Magnétiſme ſont dûes à des circonſtances étrangères.

On n'a pas ſeulement obſervé que les traitemens magnétiques n'opéraient aucun bien pour l'ordinaire ; on a pluſieurs fois remarqué qu'il en était reſulté de fâcheux accidens. (pag. 4.) Voyons quels ſont ces accidens.

Un des plus célébres Médecins de Bordeaux, afligé depuis quelque tems d'une affection ſpaſmodique tendante à la paralyſie ; mais libre encore de toutes les parties ſupérieures, & jouiſſant de tous ſes ſens, s'étant livré à ce genre de traitement, en éprouva les éffets les plus funeſtes ; il n'y eut pas de ſéance qui n'agravât les accidens nerveux. Le malade ſe trouva bientôt privé de l'uſage de tous ſes membres, un rhumatiſme univerſel ſemblait s'en être emparé, au point que le corps tout courbé ne formait plus qu'un arc, bientôt le malade ne put articuler diſtinctement aucune parole : le moral fut dès le principe profondément affecté, il fallut l'alimenter, le soigner comme un enfant : de prétendus bains magnétiques, administrés indiscrétement dans une affection qui annonçait un affaissement général, & qui menaçait d'une paralysie universelle, produisirent sur tout cette révolution. (pag. 45.)

Discutons cette observation. *Un célebre Médecin se fait magnétiser.* Il le fait pour une de ces deux raisons, ou parce qu'il a vu de bons effets opérés par ce moyen, ou parce qu'il a reconnu l'insuffisance de la Médecine : le premier cas autorise sa confiance dans le Magnétisme & le second la justifie. *Il éprouva bientôt de ce genre de traitement les effets les plus funestes ; il n'y eut pas de séance qui n'aggravât les accidens nerveux*, &c. Le Magnétisme animal est une chimère, ont dit les Commissaires, les effets qu'on lui attribue sont dûs à l'imagination, à l'imitation & à l'attouchement. Les accidens qu'a éprouvés notre Médecin ne sont pas produits par l'imitation, puisqu'il était le seul dans cet instant qui en eût de pareils : ils ne sont pas l'effet de l'attouchement, puisque c'était une maladie qui *annonçait un affaiſſement général* , & c'eſt le cas où les Médecins conſeillent les frictions sèches qui ſont , à coup sûr, un fort attouchement : ces accidens ſont donc le réſultat de l'imagination : auſſi a-t-on bien ſoin de dire que *le moral fut dès le principe profondément affecté.* Quelle fut la cauſe de cette affection ? *Le trouble que jette l'appareil magnétique dans le ſyſtéme nerveux.* (pag. 4.) Une cuve pleine d'eau , d'où ſortent des fers dont la pointe eſt dirigée contre des malades qui ſe tiennent par le pouce & dont le corps eſt ceint d'une corde : tel eſt le ſpectacle terrible qui a mis en danger la vie d'un Médecin. La première fois que l'on voit cet appareil , il peut avoir, pour certaines perſonnes , quelque choſe de ſingulier ; mais , à coup sûr , rien d'effrayant , & l'on n'y trouve pas une cauſe ſatisfaiſante des accidens qu'a éprouvés le malade ; mais ce Médecin ſur lequel on ſe plaît à répandre du ridicule en le faiſant tomber dans des convulſions alarmantes à la vue d'un appareil magnétique , avait dû prendre des renſeignemens ſur les nouveaux procédés auxquels il ſe ſoumetait, avait quelques notions

fur le Magnétifme , avait affifté aux traitemens , & , exempt de préjugés , il n'y avait
rien vu d'extraordinaire. Il avait été certainement témoin d'un fpectacle plus fatiguant
qui eft celui de l'expérience de Leyde :
un cercle de perfonnes fe tenant par la
main reçoit la commotion ; un coup
fubit frape au même inftant la poitrine &
les articulations de tous ceux qui compo-
fent la chaîne ; l'un eft renverfé , l'autre
eft faifi d'un violent mal de tête , plufieurs
font des contorfions, tous pouffent un cri
involontaire : il avait vu cette expérience ,
en avait éprouvé les effets *& fon moral n'en
avait pas été profondément affecté.* Comme
Médecin il avait tous les jours fous les
yeux le tableau afligeant des mifères hu-
maines : un père dans la trifteffe , une
mère éplorée , une époufe fondante en
larmes , un mari défefpéré , un malade
rongé par les douleurs les plus aigues ,
fans efpoir de guérifon ; la cruelle perplexité
de la terminaifon incertaine d'une maladie :
tel eft le trifte fpectacle qui déchire à
chaque inftant le cœur de l'homme fenfible
qui confacre fa vie au foulagement de fes
femblables : notre Médecin avait fupporté

tout cela , & il tombe en convulſions à la vue d'un appareil magnétique !

Mais voici une autre cauſe de ces accidens. *De prétendus bains magnétiques produiſirent ſurtout cette révolution.* Si ce ſont les bains qui ont déterminé ces accidens , il ne faut donc pas l'attribuer à l'imagination ébranlée , & par conſéquent ne pas en rejeter la faute ſur le Magnétiſme. Mais ces bains ont agi , ou en relâchant la fibre , ou en lui donnant du ton : dans la première hypothèſe ils n'ont pas dû occaſionner des convulſions ; dans la ſeconde *ils n'étaient pas adminiſtrés indiſcrétement ,* ils étaient bien indiqués puiſque la maladie *annonçait un affaiſſement général & menaçait d'une paralyſie univerſelle.* Mais cette maladie n'anonçait pas un *affaiſſement général* puiſque c'était une *affection ſpaſmodique ,* qui avait augmenté au point que *le corps tout courbé ne faiſait plus qu'un arc ,* & que chaque ſéance *agravait les accidens nerveux.* Quel tiſſu d'inconſéquences & de contradictions.

Revenons ſur cette obſervation. Cette affection ſpaſmodique paraît avoir été l'éffet de quelque humeur répercutée & fixée ſur une partie : le Magnétifme l'a mife en mouvement & a excité contr'elle l'action de la nature, de là les convulfions : fi, au lieu de ceffer le Magnétifme on en eût continué l'ufage, on auroit bientôt vu la nature redoublant fes efforts, donner fucceffivement naiffance à différens fymptômes qui n'alarment pas ceux qui ont bien obfervé, &, victorieux enfin, déterminer une crife falutaire & chaffer la matière morbifique par le dévoiement, la tranfpiration, un dépôt, &c.

Voici un fait qui vient à l'appui. M. D*** âgé de quatorze ans, affligé depuis fept de différentes maladies qui reconnaiffaient toutes pour caufe une râche répercutée, comme on l'a fu depuis, eft attaqué de convulfions : comme on en ignorait la caufe, on allait les calmer par la faignée, lorfque le Magnétifme confeillé eut la préférence : bientôt les convulfions augmentent, des douleurs aiguës fe dévelopent dans la tête, le col, la moëlle épinière, & le bas ventre ; des paralyfies & des tetanos fe fuccèdent mutuellement ; enfin, après deux mois de combat entre la nature & la maladie, une évacuation noire, fétide & copieufe, ramène le

calme & fait difparaître tous les accidens·
Si , effrayé par le développement de la maladie & l'augmentation des fymptômes ,
on eût fouftrait le malade à l'action du
Magnétifme , la nature opprimée par le
principe morbifique eût peut-être fuccombé,
& ce jeune homme feroit péri victime de
l'ignorance du Magnétifeur.

Continuons notre difcuffion. *Une femme
qui avait été prife de la fiévre après avoir
fevré fon enfant, eft morte le quinzieme
jour dans une affection foporeufe , & les
convulfions, après avoir fubi le feul traitement du prétendu Magnétifme animal.*
(pag. 6.) Veut-on dire que le Magnétifme
n'a pas eu affez d'efficacité pour guérir
cette femme , ou veut-on le regarder
comme la caufe des affections foporeufes
& des convulfions ? Dans le premier cas
cela prouverait que le Magnétifme ne guérit
pas toujours , de même que le kinkina ne
diffipe pas toutes les fiévres , que les eaux
minérales ne défobftruent pas tous ceux
qu'on y envoie, que les véficatoires ne
rendent pas le mouvement à tous les paralytiques ; que tous les remèdes enfin
manquent fouvent l'effet défiré· Le fecond

cas démontrerait assurément l'existence d'une cause très-active, & prouverait bien funestement que le Magnétisme animal n'est pas une chimère.

Mais quelle opinion faudra - t - il avoir de la Société de Médecine & de ses correspondans, si cette relation est entiérement infidèle, comme je m'en suis assuré par les renseignemens que j'ai pris. Cette femme, après avoir sevré son enfant, fut attaquée d'une fiévre intermittente qui céda au Magnétisme ; elle revint quatre ou cinq jours après, & dégénéra en fiévre continue avec redoublement : on la magnétisa de nouveau ; mais ayant pris du petit lait où l'on avait mis du tartre stibié à l'insçu du Magnétiseur, elle né tarda pas à tomber dans une affection soporeuse : on la confia alors à un Médecin qui lui administra l'émétique à forte dose : dès le lendemain les seins très-gorgés s'affaissèrent tout-à-coup ; on revint encore à l'émétique, qui n'opéra aucun effet, elle mourut le lendemain. — — Et l'on ose dire que cette femme est morte après avoir subi *le seul traitement du prétendu Magnétisme animal*, tandis qu'elle a été la victime de la Médecine, & qu'elle

vivroit peut-être encore fi on l'eût aban-
donnée à la nature renforcée & habilement
dirigée par le Magnétifeur !

*Un homme replet & cacochime étoit
fujet à une humeur vague , pour laquelle on
lui avait appliqué un cautère : féduit par les
pro neffes d'une perfonne qui exerçait le
Magnétifme , il fe détermina à fuivre ce
genre de traitement. Le prétendu guériffeur
exigea que le cautère fût fermé , & , peu
de jours après , le malade fut frappé , au
baquet , & mourut d'apoplexie.* (pag. 6.)
Cette obfervation ne fait rien contre le
Magnétifme , elle prouve feulement que le
malade eft peut-être mort parce qu'on a
fermé fon cautère.

Dans cet inftant je reçois une lettre de
Madame la Marquife de Longecourt à M.
Thouret , dans laquelle je lis , avec le plus
grand étonnement que , l'obfervation que je
viens de rapporter eft fauffe , & que celui
qui en fait le fujet n'a jamais été magnétifé.
Si des hommes tels que MM. Chauffier
& Durande , fe laiffent aveugler par la
prévention au point de rapporter des faits
abfolument faux , que doit-on penfer des
autres correfpondans de la Société , &

quelle confiance faut-il avoir à leurs obfervations ? Je fais réimprimer cette lettre à la
fin de ce Mémoire, pour fervir à apprécier
la correfpondance, & pour donner une idée
de la conduite & des moyens des adverfaires
du Magnétifme animal.

Paffons au réfultat du Mémoire de M.
Vinazzo, fur le traitement de Malthe :
(pag. 7. & 8.) Six perfonnes de l'art ont
ordre d'obferver les effets du Magnétifme
fur vingt-cinq malades. Quels font ces
Malades ? *Des aveugles de naiffance, des
perfonnes attaquées d'obftructions, de ca-
chexie ; d'autres tourmentés de rhuma-
tifme ; des épileptiques, des hypochondria-
ques, des paralytiques, des fourds, des
femmes hyftériques, des ulcères cancéreux
au fein,* c'eft-à-dire des maladies prefque
toutes incurables par la médecine ordinaire.
Qu'ont obfervé les Médecins commiffaires ?
*Qu'après feptante jours de traitement fuivi,
quelques-uns étaient plus mal ; d'autres au
même degré ; & le petit nombre de ceux qui
avaient paru foulagés retombèrent, après
avoir quitté le traitement, dans un plus
mauvais état qu'auparavant.*

1º. *Quelques-uns étaient plus mal.* J'ai

déjà obfervé que le Magnétifme développe la caufe de la maladie, l'expofe à l'action de la nature & augmente fouvent les fymptômes au lieu de les calmer. Revenons fur ce principe : il exifte en nous une puiffance qui veille à notre confervation, entretient l'harmonie des fonctions, & s'oppofe fans ceffe à tout ce qui peut la troubler : fi quelque caufe vient déranger cette harmonie, la puiffance raffemble toutes fes forces pour chaffer cet ennemi ; de là un combat appellé *crife* par tous les Médecins anciens & modernes. Cela pofé, remontons à la fource des maladies : le plus grand nombre, & fur tout les maladies convulfives, & les douleurs périodiques reconnaiffent pour caufe une humeur répercutée, une fécrétion fupprimée, un engorgement : ces convulfions, ces douleurs, font des efforts de la nature qui cherche à fe débarraffer de l'humeur qui l'irrite, à vaincre l'obftacle qui la fatigue. Si, ignorant la vraie caufe du mal, on détruit ces efforts falutaires par la faignée & les narcotiques, dont on abufe tant, alors la nature fuccombe, opprimée par le principe morbifique & par l'erreur du Médecin ; auffi le marafme ou l'hydropisie sont-ils la terminaison la plus fréquente de ces maladies traitées par la méthode ordinaire. Le Médecin magnétisant, au contraire, suivant l'indication de la nature, augmente son énergie, renforce son action, la dirige sur le siége du mal ; de là, trouble dans l'économie animale, augmentation des symptômes, travail puissant, qui se termine par une évacuation qui entraînant avec elle la cause de la maladie, ramène le calme & fait disparaître tous les accidens.

2°. *D'autres étaient au même degré.* Il n'y a assurément rien d'étonnant qu'après septante jours de traitement, des maladies qui ont résisté jusques là à tous les secours de la médecine soient encore au même degré.

3°. *Le petit nombre de ceux qui avaient paru soulagés, retombèrent après avoir quitté le traitement dans un plus mauvais état qu'auparavant.* Il y en a donc eu quelques-uns de soulagés : & pouvoit-on espérer autre chose qu'un soulagement, était-il raisonnable d'attendre des cures après septante jours de traitement employé dans des maladies réputées incurables, qui

avaient

avaient non - feulement éludé l'action de tous les remèdes ; mais qui s'étaient aggravées malgré leur ufage : *mais ils retombèrent après avoir quitté le traitement* , &c. & pour quoi l'ont-ils quitté , puifqu'ils y éprouvaient un foulagement qu'ils n'avaient pu trouver depuis plufieurs années dans la médecine ordinaire ? N'eft-il pas vraifemblable que ce bien-être momentané n'eût fait qu'augmenter en continuant le Magnétifme ? Lorfqu'un Médecin traite un malade , ne lui recommande-t-il pas de ne point mettre d'interruption dans l'ufage du remède qu'il lui prefcrit ; & fi , après quelques-temps d'un foulagement paffager , le malade impatient a recours à d'autres remèdes , le Médecin n'accufe-t il pas fon inconftance du peu de fuccès de fes moyens ? On trouvera dans ce que j'ai dit il n'y a qu'un inftant , la raifon pour laquelle les accidens reparoiffent quelquefois lorfqu'on interrompt l'ufage du Magnétifme. Comme dans beaucoup de cas la maladie a pour caufe une humeur répercutée , le Magnétifme développe cette humeur , la met en mouvement , l'expofe à l'action de la nature qui , après l'avoir élaborée s'en

B

débarrasse par une évacuation salutaire ; mais si, avant que la crise soit parfaite, on quitte le traitement, l'énergie de la nature n'étant plus soutenue au même degré, par l'action du Magnétisme, la coction de l'humeur ne peut pas se faire, son évacuation devient impossible, & elle occasionne des accidens plus ou moins graves, suivant l'importance de l'organe sur lequel elle se fixe.

4.ª. *Il est vrai que d'autres personnes qui s'étaient enthousiasmés pour le Magnétisme, & qui s'étaient soumises au traitement pour des maladies imaginaires ont été annoncées guéries.* Cet aveu annonce que l'on est forcé de reconnaître des cures, qu'elles sont trop authentiques pour pouvoir être niées ; mais pour ne pas en faire honneur au Magnétisme, on ajoute aussi-tôt, en se dispensant d'en donner des preuves, que ce sont des enthousiastes, des malades imaginaires. Quelle partialité, quelle mauvaise foi !

Des malades épuisés depuis plusieurs années par la maladie & les remèdes, l'écueil & le désespoir de la médecine, sont abandonnés au Magnétisme, & après septante iours de traitement, *quelques - uns sont* plus mal, d'autres font au même degré, un petit nombre est soulagé ; des malades imaginaires font annoncés comme guéris & de ce résultat la société conclut que *l'on se trouve plus mal* au moins *de l'opération du Magnétisme*.

Résumons tous ces accidens. *Un malade éprouve les effets les plus funestes , tous les jours aggravent les accidens nerveux... Une femme & une Demoiselle font devenues folles ... Une femme après avoir fevré son enfant est morte le quinzieme jour dans une affection foporeufe & des convulfions .... Une femme enceinte est attaquée de fpafmes & fait une fauffe couche... Il est mort dans un mois fept perfonnes au Cap... Le traitement aggrave les maux de prefque tous ceux qui s'y font foumis.* (p. 4. 5. 6. 7.) En difcutant ces faits , j'ai prouvé que les uns avaient été mal interprêtés , & que les autres étaient totalement éloignés de la vérité ; mais en fuppofant qu'ils foient auffi vrais qu'ils font faux, quel est l'homme fenfé auquel on perfuadera que fi le Magnétifme n'est rien , n'est qu'une chimère , il ait pu faire tant de mal , & fur tout *tuer fept perfonnes dans un mois dans le même lieu.*

N'eft-il pas clair qu'en fuppofant que le fait
foit vrai (1) c'étaient des malades défef-
pérés , épuifés par la maladie & les remèdes , recourant au Magnétifme pour
dernière reffource ; & lorfque , par humanité , on veut bien recevoir ces triftes
victimes , pour ne pas les abandonner au
défefpoir , pour les confoler par les apparences flatteufes d'une guérifon , pour leur
procurer , s'il eft poffible , un foulagement
inftantané , & foutenir les reftes d'une vie
languiffante , le Magnétifme , le bienfaifant
Magnétifme , chargé des rebuts de la
médecine , eft encore accablé des injures &
des farcafmes des Médecins dont il expie
les fautes !

Suppofons encore une fois la vérité de
tous ces faits , & voyons quelles font les
caufes auxquelles la fociété de Médecine
attribue ces accidens.

Il y en a deux , 1°. *Le trouble que jette*

---

(1) Je dis toujours *en fuppofant* , & je vois à regret
que je ne peux plus parler que par *fuppofition* , mais les
fauffetés évidentes que je viens de faire connaître & celles
que je dévoilerai encore , me forcent à chaque inftant de
fufpendre ma confiance.

*l'appareil magnétique dans le fyftême ner-
veux (p. 4.) 2ª. la répugnance qu'infpire le
Magnétifme pour les remèdes ordinaires,
& la défaveur qu'elle répand fur leur emploi.
(pag. 4. 9.)*

1ª. Quelle idée doivent avoir d'un appareil
Magnétique, ceux qui n'en ont point vu,
& qui croient les Médecins fur leur parole!
Ils s'imaginent que c'eft le fpectacle le plus
effrayant ; car, à entendre les Médecins,
il aggrave toutes les maladies, il jette le
trouble dans le fyftême nerveux, donne
des convulfions allarmantes, détermine des
fauffes couches, occafionne des apoplexies,
conduit à la folie, tue fept perfonnes dans
un mois, &c. &c. &c.

Quel eft donc l'appareil redoutable
qui produit ces terribles effets ? C'eft une
petite cuve pleine d'eau de laquelle fortent
des fers recourbés que des malades unis
par la main, & par une corde de communi-
cation, dirigent fur le creux de l'eftomac ou fur le fiege de la maladie : quel
mal peut faire la vue d'un appareil auffi
fimple ? Si cela était, quels accidens ne
devroit-on pas éprouver à l'approche d'un
appareil électrique ? Une machine impo-

fante qui frappe les regards de ceux qui n'y font pas habitués ; qui engendre du feu, d'où l'on voit fortir des aigrettes & des étincelles, qui accumule ce fluide au point de tuer des animaux ; qui, dans un inftant prefque indivifible propage ces effets à des diftances immenfes ; qui donne naiffance à mille phénomènes plus étonnans les uns que les autres ; les violentes commotions adminiftrées aux malades, par M. le Drus, fous l'infpection de la Société de Médecine ; n'eft-ce pas là un fpectacle bien plus capable de porter le défordre dans l'économie animale qu'un appareil magnétique ? Et a-t-on jamais entendu dire que les traitemens électriques euffent produit d'auffi fâcheux effets ; mais les Médecins font en contradiction avec eux-mêmes, en difant que la vue d'un appareil magnétique produit des accidens graves, puifqu'ils attribuent en grande partie la cure de l'hydropifie de M. Ters à *l'efpoir de, guérir que firent renaître en lui les procédés finguliers auxquels on le foumit.....qu'ils penfent que toutes les cures opérées par le Magnétifme, font dûes à l'empire que notre ame a fur*

notre corps, & nos paffions fur nos ma-
ladies . . . à l'émotion que produifent dans
les fens les chofes extraordinaires . . . que
le grand efpoir d'être guéri par une caufe
regardée prefque comme furnaturelle, peut
opérer, dans certains malades, d'heureufes
révolutions . . . que les Magnétifeurs gué-
riffent en employant les moyens phyfiques
qui influent agréablement fur l'efprit. (p. 16,
20 & 24.

Suppofons que l'appareil foit auffi effrayant
que le difent les Médecins, pourront-ils
en dire autant du traitement des arbres ?
Le fpectacle de la campagne eft toujours
celui qui a flatté le plus agréablement les
fens : ils ne l'accuferont sûrement pas de
porter le trouble dans l'économie animale ;
mais pouffons la fociété de Médecine dans
fes derniers retranchemens. On peut, fans
baquets, fers, cordes ni arbres, ma-
gnétifer un homme, un animal, à fon
infçu, par la reflexion d'une glace, à travers
l'épaiffeur d'un mur, avec les doigts, les
yeux, la volonté : produire fur lui les
effets les plus énergiques, & donner naiffance
aux phénomènes étonnants du fomnambulif-
me. Cette preuve, qui me paraît décifive,

me conduit à une reflexion : ces phénomènes fe font reproduits dans tous les
traitemens : fi la Société de Médecine avait
eu envie de voir la vérité , il lui était bien
facile de s'en affurer , foit en fuivant affi-
dûment les traitemens publics , foit en en
formant un où elle eût pu obferver à
loifir ; & on lui reprochera toujours
d'avoir négligé les véritables moyens de
s'inftruire fur une matiere qui inté-
reffe fi effentiellement le bonheur de l'humanité.

2°. La féconde caufe des accidens occa-
fionnés par le Magnétifme , *& un des inconvéniens les plus graves que les Médecins ont
remarqué dans l'introduction de cette méthode dans les Provinces , c'eft l'efpèce de
répugnance qu'elle infpire aux malades pour
les remèdes ordinaires & la défaveur qu'elle
répand fur leur emploi.* (p. 9.). Quelque
férieufe que foit cette difcuffion , on ne peut
s'empêcher de rire en voyant des Médecins
fe plaindre que les malades n'aiment pas les
remedes. Ont-ils tort ? Quelle eft la perfonne affectée d'une maladie chronique qui
n'ait fait paffer une pharmacie dans fes

entrailles ? Parcourez les grandes villes, vous y verrez des milliers de squelettes ambulans attestant l'incertitude de l'Art & l'insuffisance des remèdes : ne voyons-nous pas tous les jours les Médecins désespérés de la longueur d'une maladie & de l'inefficacité de leurs moyens, faire tacitement l'aveu des bornes de leurs connoissances, en conseillant à leurs malades de prendre patience, de faire de l'exercice, de respirer l'air de la campagne, d'aller aux eaux, de changer de climat, &c.

Les ouvrages de Médecine fourmillent d'observations qui attestent que des malades épuisés par les remèdes ont dû leur salut à leur cessation, à l'exercice & à la force de la nature. Les Sauvages & les animaux, plus près à la vérité de l'état de nature, font consister leur médecine dans la science de quelques herbes & ils se portent mieux que nous. Tous les grands Médecins ont proscrit cette liste effrayante de remèdes accumulés dans nos Pharmacopées : une longue expérience leur avoit appris, comme ils en conviennent eux-mêmes, que la cause, la nature, & le siége de presque toutes les maladies internes, étant inconnues, l'application des moyens curatoires ne pouvait qu'être empirique, & que, vu l'ignorance où l'on eft fur le principe actif & la maniere d'agir des remèdes, il était impoffible de les adminiftrer avec certitude. De plus, l'eftomac n'eft pas fait pour digérer des médicamens; ils commencent tous par faire du mal avant de faire du bien; portés dans ce vifcère ils s'y décompofent, paffant enfuite dans le fang ils y fubiffent une altération : également difperfés dans la maffe des humeurs, une très - petite partie fe porte fur le fiége du mal; peut - être avec une vertu différente, réfultat, ou de la décompofition ou d'une nouvelle combinaifon : comment compter après cela fur leur efficacité : que je me plais à admirer ce Médecin, qui, s'éloignant de la route ordinaire, emploie pour nous guérir l'agent qui nous fait vivre, qui le dirige, le renforce & le modere à volonté; &, plein de confiance dans les opérations de la nature, combat la maladie avec une puiffance dont il peut calculer les forces & maîtrifer l'action.

Les Médecins font encore tombés ici dans une double contradiction. D'abord ils fe plaignent qu'*un des inconvéniens les plus* graves du *Magnétisme c'est la répugnance qu'il inspire pour les remèdes.* (pag. 4. 9.) Et , dans leurs rapports ils avaient attribué les cures opérées par le Magnétisme , à l'exercice , à la nature , *à la cessation des remèdes.* (rap. de la Fac. p. 11. à 15. — rap. de la Soc. p. 34 à 37. — Analyse de ce rap. p. 25 à 42.) Ensuite ils disent que les magnétisans admettent dans leurs procédés les *médicamens généralement usités....* qu'on peut attribuer le petit nombre des succès du Magnétisme , *aux remèdes connus qu'elle emploie comme la médecine ordinaire ...* que les Médecins ont observé relativement *aux remèdes , que c'était à leur usage heureusement appliqué en certaines circonstances , qu'on devoit quelques - uns des succès attribués à cette méthode ...* que les partisans du Magnétisme emploient les *remèdes connus & ordinaires* qu'ils masquent par leur prétendu Magnétisme. (corresp. p. 16. 17. 30.) 1°. Ils attribuent les cures opérées par le Magnétisme à la cessation des remedes. 2°. Ils se plaignent qu'un des plus grands inconvéniens du Magnétisme est d'empêcher de prendre des remèdes. 3°. Ils attribuent les cures opérées par le

Magnétifme à l'emploi des remèdes. A quelles inconféquences on fe laiffe aller lorfqu'on eft aveuglé par la prévention !

Je crois avoir difculpé le Magnétifme des fauffes imputations qu'on lui a faites; il faut encore le venger de celle-ci : *Le Magnétifme ne guérit pas ; les cures qu'on lui attribue ne prouvent rien, parce qu'elles font fauffes & que les obfervations font mal faites.* (Pag. 11 à 16, 24 à 26.)

On a imprimé un grand nombre de cures & de foulagemens opérés par le Magnétifme , & il en exifte un plus grand nombre qui n'a pas encore vu le jour : ce font des faits bien obfervés , rapportés avec fimplicité & candeur , atteftés par des gens dignes de foi, & revêtus de tous les acceffoires propres à infpirer la confiance. Cependant, fans égard pour ces circonftances, les Médecins les nient d'un ton tranchant, & fuppofent que les obfervateurs font ou des frippons qui veulent en impofer , ou des dupes qui fe laiffent tromper par de faux malades , ou des imbécilles qui croient voir ce qui n'eft pas. Il fera permis, j'efpère, d'appeller de ce jugement, en citant les raifons des

Médecins : *Il n'y a eu à Nantes ni mort ni guérison. . . . On n'a observé aucune cure à Mont-Dauphin. . . . Au Cap, le public cherche & demande des cures. . . . A Marseille, le Baquet a une inaction absolue sur les malades. . . . M. Souville a fait des recherches à Calais, & il assure que, sans prévention, il n'est point venu à sa connaissance que l'on y eût guéri aucun malade . . . . Beaucoup d'autres Médecins confirment par leur témoignage la vérité de ce résultat. (P. 5, 6, 10, 11.)* Et c'est avec des allégations aussi vagues & aussi dénuées de preuves que l'on ose répondre à des faits nombreux, bien détaillés & de la plus grande authenticité ! Comment traiterait-on celui qui, dans un accès de mauvaise humeur, nierait la vérité des observations imprimées dans les Mémoires de la société de Médecine, aussi légérement que les Médecins nient celles des Magnétiseurs ?

Pour ajouter confiance à un homme qui rapporte un fait, il faut qu'il soit impartial, véridique, & scrupuleux observateur, c'est-à-dire, qu'il voie bien & long-temps : or je ne trouve aucune de ces trois conditions dans les adverſaires du Magnétiſme animal.

D'abord j'y vois de la partialité. Le ton ironique, les ſarcaſmes, les déclamations, les injures mêmes, prodiguées dans leurs ouvrages, ſont une preuve qu'ils n'examinent pas la choſe de ſang froid : de plus, les Médecins ont lancé un arrêt d'excluſion contre les partiſans de cette doctrine, & ont publié deux rapports, dans leſquels ils s'efforcent de prouver qu'elle eſt illuſoire. Ils ne ſont donc plus juges compétens, & leurs obſervations contradictoires deviennent ſuſpectes.

En ſecond lieu, ils ont allégué les faits les plus faux, & c'eſt aſſurément une choſe bien étonnante & que l'on a de la peine à croire, même après les preuves les plus authentiques. Ils citent *une femme morte dans les convulſions à la ſuite du Magnétiſme animal*, (p. 6.) tandis qu'elle a péri victime de la médecine ordinaire. Ils aſſurent qu'un homme *eſt mort d'appoplexie au baquet*, (ibid.) & jamais cet homme n'a été magnétiſé. Ces menſonges ne ſont pas les ſeuls ; on en verra d'autres à la fin de ce mémoire, qui confir-

meront cette vérité si connue, que la prévention & l'esprit de corps éteignent toute
pudeur.

Troisièmement, ils ont très-mal observé.
L'un a assisté une seule fois, pendant un
quart - d'heure, à un traitement ; l'autre
parle par oui-dire ; un troisième dit qu'il
n'est pas venu à sa connaissance qu'aucun
malade eût été guéri. Je le crois bien :
les malades ne vont pas courir après les
incrédules ; c'est à ceux qui ont le désir
sincère de voir la vérité, à suivre les
traitemens, à examiner ses effets, à observer souvent & long-temps : en est-il beaucoup qui se soient comportés de cette
manière ? Je défie que l'on cite un seul
Médecin, ennemi du Magnétisme, qui ait
suivi trois mois de suite un traitement.
Est - ce ainsi qu'ils en agissent lorsqu'ils
veulent reconnaître la vertu de quelques
médicamens ? Quel temps n'a-t-il pas fallu
pour que l'inoculation triomphât de l'achar-
nement de ses détracteurs ? N'est-ce pas
une longue observation qui a assuré le
triomphe du kinkina & de l'émétique ?
Les Médecins eux-mêmes ne conviennent-
ils pas qu'il faut des siècles pour constater

la bonté d'une méthode & l'efficacité d'un agent? (*Rapp. de la Fac. pag.* 15.) Et après de pareils exemples & un aveu auſſi formel ils condamnent le Magnétiſme, qu'ils ne connaiſſent pas; ils nient les cures qu'ils n'ont pas pris la peine d'examiner!

Mais voici encore de nouvelles contradictions. Ils viennent d'avouer formellement que le Magnétiſme n'a guéri perſonne, & ils reconnaiſſent en même temps qu'il a fait des cures.

Les traitemens magnétiques n'opèrent aucun bien *pour l'ordinaire* : donc ils en opèrent quelquefois.... Un petit nombre de malades ſoumis au traitement *a été ſoulagé....* Des perſonnes qui s'étaient ſoumiſes au traitement pour des maladies imaginaires ont été annoncées comme *guéries....* Deux ou trois malades ont paru un peu ſoulagés. ... Les Médecins ont vu qu'en comparant *les guériſons annoncées* à la multitude preſque infinie des traitemens entrepris, il n'y avait aucune proportion.... Ils ont vu qu'en retranchant *de ces cures ſi peu nombreuſes,* &c.... L'on n'a pas beſoin d'un agent inconnu pour rendre raiſon du petit nombre *de*

cures

cures réelles.... On peut attribuer le petit nombre *des succès* du Magnétifme , &c.... On a plus d'une fois fait honneur au Magnétifme *des cures* que la nature a opérées.... C'eft aux remèdes qu'on doit *quelques-uns des succès* attribués au Magnétifme.... Dans un malade , tout l'effet du Magnétifme s'eft réduit à *une apparence plus ou moins frappante de foulagement*.... Le petit nombre de *guérifons citées* doit être attribué à l'influence des paffions de l'ame.... Ce n'eft pas à la feule nature qu'il faut attribuer *les cures parfaites ou imparfaites* que l'on dit s'être opérées chez M. Mefmer.... Si l'on a vu M. Mefmer opérer quelques *guérifons apparentes ou réelles* , il faut qu'il convienne que ces guérifons ne font fpécialement dues qu'à l'enthoufiame qu'il a trouvé l'art de produire dans les efprits crédules.... (p. 4 , 8 , 12 , 16 , 17 , 22 , 24.)

S'il ne s'eft point fait de cures dans les traitemens magnétiques , pourquoi donc tous les efforts des Commiffaires pour les attribuer *à la ceffation des remèdes* , à l'exercice, à l'efpoir de guérir, à la nature? Pourquoi les nouveaux efforts de la Société

C

de Médecine pour les attribuer *aux remèdes*, à la nature, aux secours moraux, à l'exercice, à l'influence de l'imagination, au hasard? (*p.* 16, 17, 20 *à* 24, 32.) Je ne reviendrai pas sur l'examen des causes auxquelles on fait honneur de ces guérisons ; je me suis suffisamment expliqué dans mon *analyse raisonnée* (p. 35 à 45) ; j'observerai seulement qu'il doit résulter un grand avantage de ces discussions, c'est que les Médecins conviennent eux-mêmes de deux grandes vérités : 1°. *la médecine est une science incertaine* ; 2°. *la nature fait beaucoup de cures* ; & c'est dans les ouvrages qu'ils ont publiés contre le Magnétisme animal, que je vais chercher mes preuves.

« Le but des efforts du Médecin est
» d'aider la nature dans ses opérations ; la
» nature guérit le malade.... le Médecin
» est le ministre de la nature..... Les
» régimes les plus opposés n'ont pas em-
» pêché d'atteindre à une grande vieil-
» lesse. On voit des hommes attaqués, ce
» semble, de la même maladie, guérir en
» suivant des régimes contraires, & en
» prenant des remèdes entiérement diffé-
» rens : la nature est donc alors assez puis-

(35)

» fanté pour entretenir la vie , malgré le
» mauvais régime , & pour triompher à la
» fois & du mal & du remède. Si elle a
» cette puiſſance de réſiſter aux remèdes,
» à plus forte raiſon a-t-elle le pouvoir ,
» d'opérer ſans eux. L'expérience de leur
» efficacité a donc toujours quelque incer-
» titude.... On peut douter de l'effet des
» médicamens.... Une criſe de la nature
» peut ſeule opérer des cures.... L'ob-
» ſervation conſtante de tous les ſiècles
» prouve , & les Médecins reconnoiſſent
» que la nature ſeule , & ſans aucun trai-
» tement , guérit un grand nombre de
» malades. Le traitement des maladies ne
» peut donc fournir que des réſultats tou-
» jours incertains & ſouvent trompeurs.
(*Rapport de la Faculté de Médecine ſur le
Magnét. animal. p.* 11 *à* 15.)

» S'il y a eu des cures , il faut les attri-
» buer à la nature , à la ceſſation des
» remèdes. (*Rapport de la Soc. p.* 36.)

» La nature ſeule & ſans ſecours diſſipe
» très-ſouvent un grand nombre de mala-
» dies.... La nature ſe ſuffit ſeule pour
» guérir le plus grand nombre de bleſſures...
» L'action de la nature dans la cure des

C 2

» maladies étant très-peu connue , il ne
» faut pas s'étonner si le succès répond
» quelquefois , peut-être même souvent
» aux tentatives que l'on fait. . . . La dis-
» sipation, l'exercice ont beaucoup de puis-
» sance & d'action sur la santé ; ils font
» souvent tout le mérite de certains re-
» mèdes. . . . Les voyages, les eaux prises
» à des sources éloignées , les avantages
» d'une vie active & exercée , ne forment-
» ils pas , entre des mains habiles & par
» le conseil de Médecins adroits , toute la
» médecine des gens du monde. . . . .
» N'arrive-t-il pas souvent qu'on emploie
» les remèdes à tort , qu'on trouble la
» nature qui , plus puissante qu'eux dans de
» certaines maladies , les guérirait, si on
» les abandonnait à ses soins.... M. Mesmer
» en quittant l'art qui nuit pour adopter une
» méthode purement expectative , n'a-t-il
» pas un nouvel ordre d'effets qui le ser-
» vent bien ?. . . Combien de malades se
» trouvent peut-être mieux de la course
» qu'ils font chez leurs Médecins , que
» des avis qu'ils y reçoivent. . . . La méde-
» cine est souvent conjecturale. » (*Rech.*
& doutes sur le Magnétisme anim. par

M. Thouret, p. 9, 128, 129, 132, 179,
180, 185, 238, *édit. de Genève.*)

« La médecine eſt ſurchargée d'un très-
» grand nombre de fauſſes obſervations....
» On a vu dominer ſucceſſivement dans
» l'art de guérir beaucoup de ſyſtêmes &
» beaucoup d'opinions erronées : tous, à
» l'époque qui les a vu naître, ils avaient
» été appuyés par de prétendus faits très-
» frappans & très-nombreux. Cependant
» combien en eſt-il reſté qui aient été
» confirmés par l'expérience, ſeul juge des
» découvertes?... La nature peut ſouvent
» ſuppléer les remèdes.... La nature fait
» beaucoup de cures.... L'attention eſſen-
» tielle qu'un Médecin doit avoir à l'égard
» de ſes malades, c'eſt d'animer leur
» eſpoir, de leur donner du courage,
» d'exciter en eux la confiance, en leur
» inſpirant la foi la plus grande qu'il eſt
» poſſible en ſes remèdes. Ne voyons-nous
» pas en effet tous les jours que, ſans ces
» préliminaires, les médicamens les plus
» appropriés & le traitement le plus régu-
» lier n'ont, dans certaines circonſtances,
» qu'un effet médiocre, & quelquefois
» abſolument nul?... C'eſt aux opérations

» de la nature que font dûes pour la plu-
» part les cures du Magnétifme. » (*Cor-*
refpond. de la Soc. de Méd. fur le Magnét.
anim. p. 13 , 14 , 17 , 23 , 24.)

Il eft bien étonnant qu'après de pareilles
affertions, les Médecins s'obftinent encore
à rejeter le Magnétifme animal, qui ne
peut s'élever que fur les débris de la médecine actuelle , & qui doit faire triompher
les reffources de la nature.

J'ai répondu aux deux chefs principaux
d'accufation que la Société de Médecine
a formés contre le Magnétifme ; il me
refte à examiner quelques petits objets.

Les Médecins s'élèvent contre l'abfur-
dité du fyftême de M. Mefmer, qui regarde
le Magnétifme comme le remède univerfel , & difent que c'eft pour excufer fes
défauts de fuccès dans beaucoup de cas ,
qu'il a imaginé fa prétendue vertu anti-
magnétique. (*Pag.* 33 *à* 37.) Ce n'eft pas
ici le lieu de parler du remède univerfel,
je m'occuperai ailleurs de cet objet ; mais
je prendrai la liberté de repréfenter à la
Société de Médecine , que lorfqu'on veut
difputer , il faut être au fait de la queftion,
& qu'on ne doit jamais raifonner fur ce

qu'on ne connaît pas. Lorſque M. Meſmer aura développé ſa doctrine aux Médecins, ils feront en droit de la rejeter, après l'avoir combattue avec de meilleures raiſons que les ſiennes. S'ils étaient mieux inſtruits, ils ne diraient pas que M. Meſmer a imaginé ſa prétendue vertu anti-magnétique pour excuſer ſes non-ſuccès ; ils ſauraient que c'eſt une vertu réelle, poſitive, qui peut s'accumuler, ſe propager, ſe tranſporter & produire des effets.

La Société de Médecine a tellement peur de n'être pas crue ſur ſa parole, qu'elle s'étaie de toutes les autorités : il faut en avoir bien beſoin pour oſer citer en ſa faveur MM. O-Ryan & Doppet. (*p. 51, 58.*) L'ouvrage du premier a couvert ſon auteur de ridicule, & celui du ſecond, rempli de contradictions, débute par prouver que l'on peut manquer à ſa parole d'honneur.

Je reſpecte infiniment l'autorité de l'illuſtre & ſavant M. Bonnet : *Les erreurs auxquelles l'étrange doctrine de M. Meſmer a donné lieu*, dit ce célèbre naturaliſte, *dans une lettre écrite à la Société, feront époque dans l'hiſtoire des rêves de notre ſiècle, & elles figureraient à merveille dans*

C 4

une logique vraiment philofophique & uni-verfelle qui nous manque encore. Les faits divers qui ont manifefté dans cette circonf-tance l'étonnant pouvoir de l'imitation & de l'imagination , fourniraient pareillement un chapitre intéreffant dans une pficologie expérimentale. (pag. 49.) Je répondrai à M. Bonnet , en l'oppofant à lui-même : M. *de Harfu* , de Genève , s'occupait du Magnétifme animal , & M. Bonnet encou-rageait fes recherches en lui écrivant ainfi : *Les phyficiens du fiècle paffé avoient – ils foupçonné que d'un morceau d'ambre qui attire une paille , fortirait la vraie théorie du tonnerre & un bon moyen de guérir certaines paralyfies , & combien d'autres prodiges que la philofophie n'avait pas foupçonnés, & que les naturaliftes de nos jours ont mis fous nos yeux ?* (Recueil des effets falut. de l'aimant dans les mal. par M. de Harfu , difc. prélim. pag. 35 , 36.) Il eft facile de voir que la première lettre a été écrite après la lecture des rapports des Commiffaires que M. Bonnet a crus fur parole , ne pouvant pas foupçonner que de telles perfonnes puffent en impofer, lui qui a été fi véridique & fi fcrupuleux obfervateur.

Je ferai une réflexion sur les procédés de M. Thouret. Je suppose que le Magnétisme ne soit qu'une chimère, & que ses partisans soient dans l'erreur ; ce n'était pas une raison pour engager M. Thouret à s'éloigner des bienséances & à dire des injures : c'est ainsi que dans ses *doutes*, il insinue que M. Mesmer & ses partisans font des *imposteurs & des charlatans ;* que tout ce qu'ils font voir n'est que *fourberie*, & qu'ils ne cherchent qu'à faire des *dupes.* (Pag. 122, 147, 153, 157, 162, 170, 175, 217, édit. de Genève.) Il n'a pas mis plus d'honnêteté dans la *correspondance*, & violant tous les égards, il insinue que les Magnétiseurs font des *charlatans*, que le Magnétisme est *imposture*, & qu'on donne des *représentations publiques pour en imposer aux gens peu instruits.* (P. 15, 31, 35, 44, 45.) Il ne fera pas hors de propos d'observer que les injures ont toujours été les meilleures raisons des adversaires du Magnétisme animal, & que ses partisans y ont constamment opposé la modération, la patience & les faits.

Je passe sous silence tous les accessoires

inutiles que l'on a accumulés pour groſſir la *correſpondance*, compilation indigeſte, enfantée par l'eſprit de parti, & que la Société de Médecine rougira d'avoir publiée, lorſque le temps aura diſſipé la prévention qui l'aveugle.

Je crois que ce temps n'eſt pas loin, & cette idée eſt conſolante pour moi ; car j'ai toujours vu, avec une peine que je ne ſaurais rendre, que des hommes d'un mérite ſupérieur, tels que MM. Franklin, Bailli & Lavoiſier aient prononcé ſi précipitamment ſur le Magnétiſme. Je me plais à croire que leur erreur n'eſt pas leur ouvrage ; je me plais à croire que, plus inſtruits par la ſuite, & faiſant un examen plus ſérieux, ils auront la grandeur d'ame de ſe rétracter, & ne laiſſeront pas paſſer à la poſtérité une gloire entachée de la condamnation du Magnétiſme. Si, depuis leurs rapports, ils n'ont pas été retenus pas une fauſſe honte ; s'ils ont voulu voir, ils en ont pu voir aſſez pour fixer leur opinion, & l'on doit eſpérer que leur rétractation n'eſt pas éloignée. Quant aux Médecins commiſſaires, ils reviendront les derniers, ou plutôt ils ne reviendront jamais : enchaînés par ce terrible esprit de corps qui asservit toutes les opinions , pervertit tous les sentimens & anéantit tous les remords , ils mourront la proscription du Magnétisme sur les lèvres & la conviction de son utilité au fond du cœur.

Il est facile de voir, en analysant la *correspondance*, qu'elle n'est qu'un tissu de mensonges & de contradictions.

Mensonges. 1º. La femme de la page 6 n'est pas morte à la suite du Magnétisme animal , mais après les traitemens de la médecine ordinaire.

2. L'homme de la page 6 n'est pas mort d'apoplexie au Baquet , puisqu'il n'a jamais été magnétisé.

3. Le fait rapporté par M. Chaunier (pag. 25, 26.) est absolument faux.

4. Tout ce qu'on dit s'être passé dans un des traitemens de Lyon (p. 27, 28, 33.) est entiérement contre la vérité. M. O-Ryan n'y a été qu'une seule fois , & n'y a demeuré qu'un demi-quart d'heure : il n'a donc pas pu voir pendant *long-temps* une fille en convulsions. Il est faux que le jeune homme étendu sur le Baquet fût agité de convulsions terribles , puisqu'il a toujours

été dans un état de somnambulisme & dans le repos le plus parfait. L'air de la salle n'était ni *échauffé ni infect*, car cette salle est vaste, à un troisième étage, ayant vue sur deux grandes places, & est aérée par cinq fenêtres & deux portes qui étaient constamment ouvertes.

5. *L'obscurité des salles, l'air chaud & méphitique que l'on respire* n'est pas la cause des effets produits par le Magnétisme (pag. 29), puisque ces effets ont lieu sur un seul malade magnétisé dans sa chambre & en plein air sous les arbres.

6. Ces effets ne font point le résultat des pressions faites sur les régions sensibles (pag. 29), puisque l'action la plus énergique est celle qui a lieu à quelque distance.

7. Ces effets ne font point le produit de l'imagination (pag. 28), puisque les plus étonnans se manifestent sur les somnambules.

8. Les crises ne font point déterminées à la fin des séances, lorsque l'imagination des malades a été suffisamment exaltée (pag. 3), puisqu'on fait tomber en crise une personne, à son insu, à travers un ou plu-

fieurs murs, par la réflexion d'une glace, à vingt, trente pieds de diſtance, en le magné-tiſant avec un doigt, les yeux, &c.

9. Le Magnétiſme n'eſt pas l'art d'exci-ter des convulſions (pag. 10, 30, 48), puiſqu'il les calme ſouvent ; qu'il ne déve-loppe que les convulſions critiques, qui ſe terminent toujours par des évacuations ſalutaires ; que le nombre en eſt très-petit, & qu'enfin elles dégénèrent en ſomnam-buliſme, c'eſt-à-dire l'état de repos le plus parfait. La Société de Médecine non contente d'en avoir impoſé au Roi, au Gouvernement & à la Nation entière (*Rapp. de la Soc. p.* 28, 32, 37) ſur un fait de la fauſſeté duquel il eſt ſi facile de s'aſſurer, oſe encore y revenir ; & pour lui donner plus de poids, & indiſpoſer les eſprits crédules, elle compare ces convul-ſions aux fameuſes proffeſſions de Loudun ; & par une méchanceté puniſſable, elle inſinue qu'elles pourraient avoir des ſuites auſſi funeſtes.

10. Il n'eſt pas vrai que les partiſans du Magnétiſme ſoient pris dans la claſſe des citoyens les moins inſtruits (pag. 47), puiſque dans toutes les ſociétés établies

pour la propagation du Magnétifme animal, on compte beaucoup de perfonnes
recommandables tout à-la-fois par leurs
lumières, leur jugement & l'étendue de
leurs connaiſſances.

11. Il n'y a pas dans la doctrine de
M. Meſmer des apparences très-frappantes
de conformité avec les ſectes dans leſquelles,
au lieu d'une grande cauſe phyſique, on
admet le pouvoir de certaines intelligences
ſupérieures (pag. 38 , 39), puiſque le
ſyſtême de M. Meſmer eſt fondé princi-
palement ſur l'exiſtence d'un fluide qui
établit entre tous les êtres une influence
réciproque.

12. Il eſt faux que *tous les corps de Médecine du royaume ſe ſoient unanimement
élevés contre le Magnétiſme ; qu'ils aient
fait tous leurs efforts pour combattre cette
erreur, & qu'ils ſoient tous d'accord à ce
ſujet* (pag. 34 , 50 , 72 , 73) , puiſque
M. Thouret ne cite que les collèges de
Lyon, Bordeaux, Marſeille & Montpellier (pag. 15 , 25 , 27 , 46); & d'abord
celui de Lyon n'a pas écrit ; la moitié des
membres qui le compoſent croit au Magnétiſme, & ce ne ſont pas les moins inſtruits;

& fi ce collège eût voulu donner fon opinion fur le Magnétifme , ce n'eſt ni
M. O-Ryan , ni M. David qu'elle eût chargés de ce foin. Ceux qui voudront connaître
ces deux Médecins , n'ont qu'à lire le
Mémoire à confulter pour le fieur Sutton,
contre le fieur O-Rryan, & les *Obfervations*
pour la demoifelle Gigat , contre le fieur
David. Au reſte , M. David reprimandé
dans une affemblée du Collège pour avoir
écrit cette lettre fans fa participation , a
répondu qu'il ne l'avait écrite qu'en fon
nom propre , & que le reſte étoit l'ouvrage
de la Société de Médecine. 2°. Il y a eu
des réclamations faites contre la lettre
écrite au nom prétendu du Collège de
Bordeaux. 3ª. J'ai pris des informations
fur celui de Montpellier , & il en réfulte
que la lettre de M. René , écrite au nom
de l'Univerfité & fans lui avoir été communiquée , n'eſt point du tout à l'avantage
des ennemis du Magnétifme , puifque
M. René fe borne à dire que l'Univerfité
n'a jamais eu connaiffance de cette nouvelle méthode de guérir ; qu'elle n'a pris
aucun parti fur cette matière , qu'elle n'en
prendra aucun , & qu'elle fe propofe de

demeurer nulle dans toutes les difputes qui s'élèveront à ce fujet. Voilà donc trois corps de Médecine qui n'ont point écrit contre le Magnétifme ; il refte celui de Marfeille fur lequel je n'ai pas pu avoir des renfeignemens ; mais on eft tenté de fuppofer qu'il n'a pas écrit, & cette fuppofition eft autorifée par la conduite de la Société de Médecine, qui ne refpecte pas affez la vérité, qui admet tous les faits fans fcrupule & fans examen, & qui eft très-peu délicate fur le choix des moyens.

13. L'opinion qui regarde le Magnétifme comme une chimère, n'eft point générale en Hollande, en Allemagne & en Angleterre (pag. 51 & fuiv.), & je puife mes preuves dans la *correfpondance* elle-même. On ne cite pour la Hollande que trois favans, & on en conclut que *vu la célébrité dont jouiffent ces auteurs, on doit regarder leur jugement comme celui de tous les favans de leur nation.* (page 55.) A coup fûr ce raifonnement ne paraîtra pas à tout le monde auffi concluant qu'il a paru l'être à la Société de Médecine.

En Allemagne , lorfque M. Mefmer
annonça

annonça fa découverte , des favans diftin-
gués s'en occupèrent , firent des expé-
riences : cette opinion acquit beaucoup de
crédit , & l'on adopta le Magnétifme.
(pag. 63.) Tout cela me paraît en faveur
de la caufe que je défends ; & , fi depuis,
cette découverte a eu un autre fort dans
ces contrées , il faut l'attribuer aux per-
fécutions que M. Stork a fufcitées à
M. Mefmer. La célébrité dont jouit ce
Médecin , influa fur l'opinion générale,
& l'on n'ofa pas défendre une vérité prof-
crite par un homme qui fouffre avec peine
les contradicteurs , & qu'il eft dangereux
d'avoir pour ennemi. Si M. Stork fe fût
rappelé ce que lui a valu la ciguë , il eût
été moins injufte !

Quant à l'Angleterre , cette opinion eft,
dit - on , le réfultat des journaux anglais
(pag. 58) ; & de quel poids peut être l'opinion verfatile des journaliftes , lorfque nous
avons vu en France les journaux alterna-
tivement adopter & profcrire le Magnétifme , louer & déchirer fon auteur , fe
vanter de la plus grande impartialité , lorfque , d'un côté , ils imprimaient les injures
les plus atroces & les plus noires calomnies

D

de lâches adverſaires qui n'oſaient pas paraître , & que de l'autre ils refuſaient la juſtification de M. Meſmer & de ſes parti- ſans qui ſe montraient au grand jour ?

Je ne reviendrai pas ſur les nombreuſes contradictions dont la correſpondance eſt remplie ; je les ai expoſées dans les pages 9 , 21 , 22 , 27 , 28 , 32 ; il faut encore y joindre celle-ci. Les Médecins diſent que les frictions , faites avec la main , ſont en partie la cauſe des effets qu'éprouvent les Magnétiſés , effets qu'ils appellent *accidens;* & ils citent auſſitôt Celſe qui recommande les frictions pour ſoulager les douleurs de tête aiguës. (pag. 29.) Les Commiſſaires étaient déja tombés dans la même incon- ſéquence, en attribuant ces mêmes *accidens* à la preſſion ſur le colon , & en ajou- tant que la nature ſemble indiquer , comme par inſtinct , cette manœuvre aux hypo- condriaques pour les ſoulager. (*Rapp. de la Fac. p.* 49)

Je termine cette diſcuſſion polémique en avouant que c'eſt avec une peine extrême que je me ſuis livré une ſeconde fois à ce genre de travail ; mais intimément con- vaincu des grands avantages que la phyſique, la phyſiologie & la médecine doivent retirer de la doctrine du Magnétiſme animal, j'ai dû, pour hâter les progrès d'une vérité ſi utile au genre humain, détromper ceux auxquels en aurait impoſé trop facilement l'autorité d'un corps, reſpectable d'ailleurs par les ſavans qui le compoſent, mais aveuglé & induit en erreur par une prévention trop forte contre le Magnétiſme.

LETTRE

De Mme la Marquiſe DE LONGECOUR *à M.* THOURET *, Docteur de la Société Royale de Médecine de Paris.*

COMME c'eſt vous, Monſieur, qui vous êtes chargé de faire & de publier l'*Extrait de la correſpondance de la Société de Médecine*, c'eſt à vous que doivent être adreſſées les réclamations qu'elle peut faire naître & les obſervations les plus propres à fixer votre opinion ſur la valeur des faits allégués par vos correſpondans, & ſur les avantages ou les dangers (s'il en exiſte)

de la pratique du Magnétifme animal pour
le traitement des maladies. Si, parmi ces
correfpondans, j'en connoiffais un qui ne
vous eût fait part fur cet objet important
que des rêves de fon imagination, & qui
vous eût diffimulé deux cures intéreffantes
& remarquables, opérées fous fes yeux
par le magnétifme, la Société de Médecine
ne feroit-elle pas dans le cas de penfer
que ce correfpondant infidèle a outragé,
par cette conduite, la pureté de fes vues,
en croyant lui faire fa cour par une lâcheté?
S'il en eft ainfi du correfpondant que je
connais & que je vais vous dénoncer, quels
foupçons cette découverte ne donnera t-elle
pas lieu de former fur ceux que je ne connais pas ? Il eft certainement de l'intérêt
de la Société d'examiner leurs rapports,
& fa gloire fe trouve compromife en pro-
duifant devant le public des témoins qui
ne font pas sûrs. Son objet, en engageant
fes membres correfpondans à s'occuper
de l'examen du Magnétifme animal, a été
fans doute de découvrir la vérité pour la
protéger & la répandre. On ne peut fuppofer d'autres vues à un corps dont tous
les membres font chargés, par état, du

foulagement de l'humanité. Je trouve , il eſt vrai, dans votre ouvrage , un paſſage par lequel il ſemblerait que MM. les Médecins s'occupent un peu d'eux-mêmes ; vous y dites, page 9 , *« c'eſt un des incon-* » *véniens les plus graves que les Médecins* » *aient remarqué de l'introduction de cette* » *méthode* (le Magnétiſme animal) *dans* » *les provinces , que l'eſpèce de répugnance* » *qu'elle inſpire aux malades pour les* » *remèdes ordinaires & la défaveur qu'elle* » *répand ſur leur emploi.* » Eſt - ce ſur l'emploi des remèdes ? eſt-ce ſur l'emploi des Médecins ? Je n'en ſais rien ; mais ce qui me paraît prouvé par cette négligence du ſtyle , c'eſt que vous n'aviez pas la moindre idée d'intérêt perſonnel , puiſque vous n'avez pas apperçu combien ce paſſage étoit ſuſceptible de malignes interprétations. Il n'a pu échapper à votre plume , que par la raiſon que votre cœur étoit pur. D'après cette opinion , je dois juger tous les membres de votre ſociété par vous-même , & je ſuis ſûr qu'ils me ſauront gré de réparer envers eux les omiſſions & les erreurs de M. Chauſſier , Chirurgien , correſpondant à Dijon. C'eſt ſous ſes yeux que j'ai eu , pendant plufieurs années , une maladie très-alarmante. Trouvez bon que je vous renvoie pour les détails les plus fuccincts de cette maladie , au certificat figné la Marquife de Longecour , qui fe trouve dans la collection de ceux imprimés pour M. Deflon. Si M. Chauffier veut revenir à la juftice & à la vérité , il certifiera lui-même l'authenticité & la certitude des faits qu'il contient , avec d'autant plus de connaiffance de caufe , que c'eft fon examen & fa defcription de mes obftructions & glandes qui ont fervi plufieurs fois de bafe à des confultations , & qu'après un nouvel examen de fa part , à mon retour des traitemens de MM. Mefmer & Deflon, fuivis pendant neuf mois , il a été auffi furpris qu'il a paru charmé de ne retrouver aucune trace des engorgemens qu'il m'avait reconnus tant de fois. Même obfervation fur une de mes femmes , à qui il a reconnu une obftruction énorme à la partie du foie , qui eft contiguë à l'eftomac ; il en a fuivi les décroiffemens graduels , & m'a affuré , au bout de quinze mois de traitement magnétique , qu'il n'exiftoit plus aucune obftruction. Il a fait part ,

de fa main, à M. Deflon, de cette heu-
reufe guérifon. Que penferez-vous donc,
Monfieur, d'un correfpondant dont les
écrits fe contredifent fi fenfiblement, qui
garde le filence avec la Société de Médecine, fur des vérités auffi importantes à
fes recherches, pour ne l'entretenir, relativement au Magnétifme, que d'erreurs &
de fauffetés ? Peut-on caractérifer autrement l'hiftoire qu'il vous fait dans la fuite
de fa lettre rapportée à la page 25 de votre
Mémoire, de l'homme qui recevoit tous
les huit jours d'un des chefs des traitemens
de Paris, une feuille de papier magnétifée,
*qu'il lui a vu porter tous les jours fur
l'hypocondre le papier merveilleux, vanter
fes effets, louer la bonté, la complaifance
de l'homme généreux, qui, fur une feuille
de papier blanc, lui envoie le remède invi-
fible pour tous les maux ?* Vous appuyez
fur ce fait comme une chofe très-remar-
quable. Eh bien, Monfieur, il n'y manque
que la vérité : cet homme, que M. Chauffier
vous préfente comme un prodige de ridicule & de crédulité, c'eft M. de Pruflay,
fils de M. Poiffonnier, votre préfident,
qui, ayant reçu une lettre de M. Deflon,

dit , en plaiſantant, qu'il la vouloit porter ſur ſes hypocondres , parce que ſûrement elle étoit magnétiſée. L'hiſtoire de l'homme replet & cacochyme , rapportée à la page 6 de votre Mémoire, n'eſt pas plus vraie : cet homme n'a jamais été magnétiſé ; il eſt en effet tombé d'apoplexie à la ſuite de quelques jours du traitement électrique de M. Souſſelier ; & M. Chauſſier qui ſerait déja très-coupable d'aſſurer un fait qu'il ne ſaurait pas , l'eſt bien davantage d'aſſimiler le traitement magnétique au traitement électrique , pour faire tomber ſur l'un les mauvais effets qu'on pourrait attribuer à l'autre. Or , il n'a pu s'y méprendre de bonne foi , parce que la méthode de M. Souſſelier eſt imprimée, & qu'il la connaiſſait même particuliére-ment avant l'impreſſion , ayant été en correſpondance avec lui pour des objets relatifs à l'électricité. Reſte l'article cité, page 9 de votre Mémoire, *d'une Dame attachée à la doctrine du Magnétiſme, qui portait l'enthouſiaſme à un tel point, que , dans une maladie qu'elle éprouva, elle ne voulut aucun remède.* Cette Dame, c'eſt moi. Or , penſez - vous , Monſieur,

que

que j'aie réellement pu paraître à M. Chauffier, dans sa conscience, un modèle d'en-
thousiasme, pour m'être livrée, dans une
fièvre double-tierce (car telle étoit cette
maladie) au même remède qui m'avait
guérie l'année auparavant, des maux les
plus dangereux ; j'en éprouvai de même
les bons effets dans cette occasion, &
ma fièvre fut guérie. M. Chauffier en
convient dans la suite de sa lettre, rapportée à la page 17 de votre Mémoire;
mais il y assure (ce sont ses propres termes)
*que ce fut le temps & la nature qui la
guérirent.* Comme cette assertion ne peut
être soutenue d'aucune preuve, & qu'il
n'existe point de moyen humain de voir
opérer le temps & la nature, elle tombe
elle-même, faute de base; & je ne pouf-
ferai pas plus loin les réflexions sur cet
objet. Mais, comme les faits dont je viens
de vous donner des notions exactes font
très-intéressantes pour la Société de Médecine, & qu'il importe à sa gloire & à la
confiance qu'elle désire sans doute d'infpirer, de ne donner au public que des
observations sûres , que l'exemple des
erreurs & des réticences de ce corref-

pondant-ci doit lui faire examiner l'exac-
titude & la bonne foi des autres. Je défire
que cette lettre foit communiquée par
vous, à la première affemblée de la Société
de Médecine, & qu'il me foit délivré par
M. Vicq-d'Azir, fon fecretaire perpétuel,
un certificat figné de lui, de vous, Monfieur,
& de tous les membres qui compoferont
l'affemblée, comme elle y a été lue à
haute & intelligible voix, de manière que
tout le monde l'ait entendue ; alors je me
contenterai de ce moyen pour faire rendre juftice à la vérité, & vous épargnerez
la réputation de votre correfpondant :
mais fi, fous quinze jours, Monfieur, je
n'obtiens pas cette fatisfaction, je répan-
drai ma lettre dans tout le royaume, par
la voie de l'impreffion ou autrement.

J'ai l'honneur d'être, &c.

Signé, la Marquife DE LONGECOUR.

Dijon, ce 29 Mars 1785.

P. S. Voulant mettre dans ma conduite
toute la franchife & toute la netteté poffible,
j'ai fait remettre à M. Chauffier copie de
cette lettre.

N'ayant reçu aucune fatisfaction de la Société Royale de Médecine , ni même de réponfe de M. Thouret , je fais imprimer ma lettre pour rendre honneur au Magnétifme animal , gloire à la vérité , & juftice à qui il appartient.

Signé , la Marquife DE LONGECOUR.

Dijon , ce 18 Avril 1785.

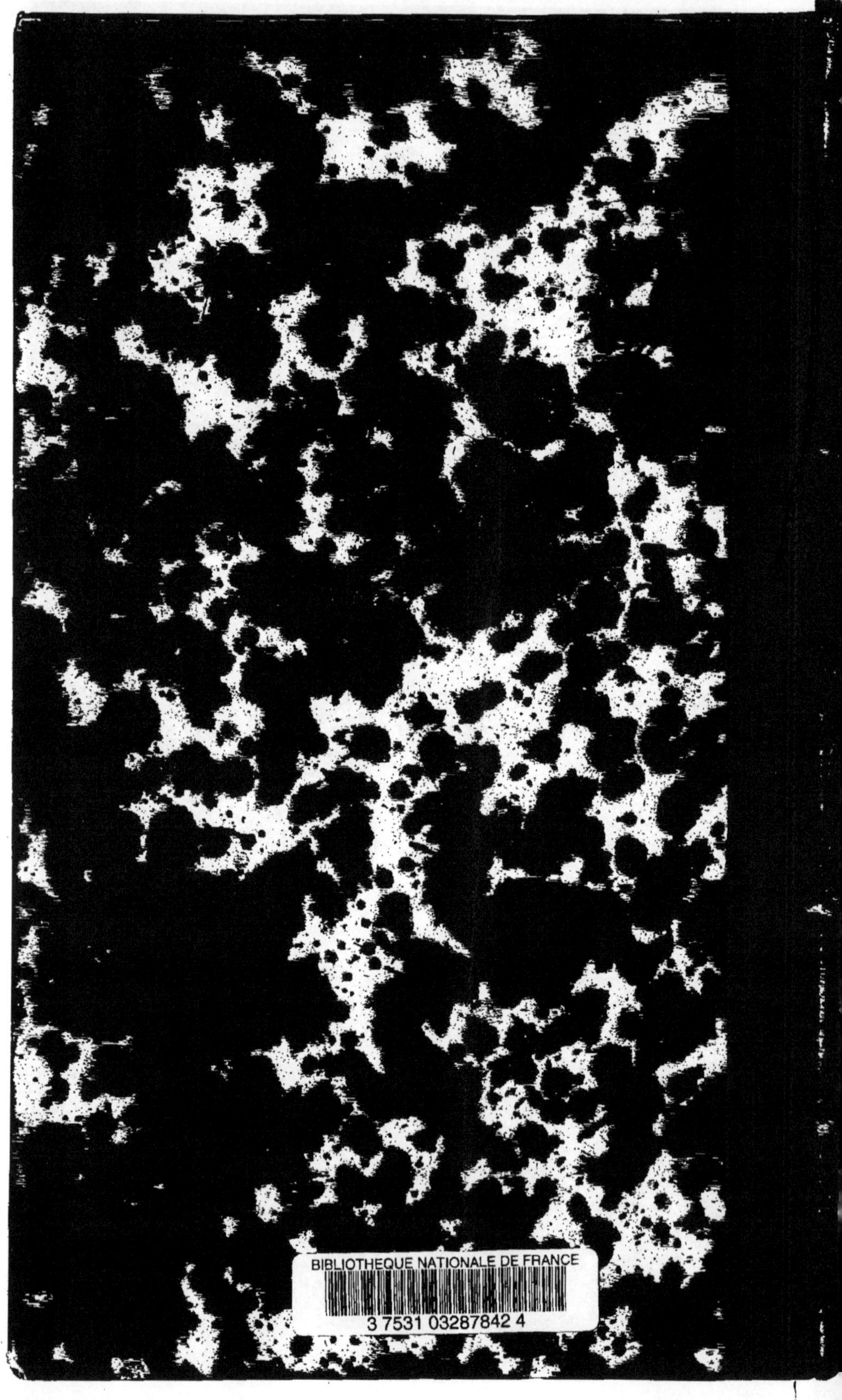